物理大爆炸

128堂物理通关课
• 进阶篇

浮力

李剑龙 | 著
牛猫小分队 | 绘

浙江科学技术出版社

图书在版编目（CIP）数据

物理大爆炸：128堂物理通关课.进阶篇.浮力／李剑龙著；牛猫小分队绘.—杭州：浙江科学技术出版社，2023.8（2024.6重印）

ISBN 978-7-5739-0583-3

Ⅰ.①物… Ⅱ.①李… ②牛… Ⅲ.①物理学－青少年读物 Ⅳ.① O4-49

中国国家版本馆 CIP 数据核字 (2023) 第 052607 号

美术指导 ＿ 苏岚岚

画面策划 ＿ 李剑龙 赏 鉴

漫画主创 ＿ 赏 鉴 苏岚岚

漫画助理 ＿ 杨盼盼 虞天成 张 莹

封面设计 ＿ 牛猫小分队

版式设计 ＿ 牛猫小分队

设计执行 ＿ 郭童羽 张 莹

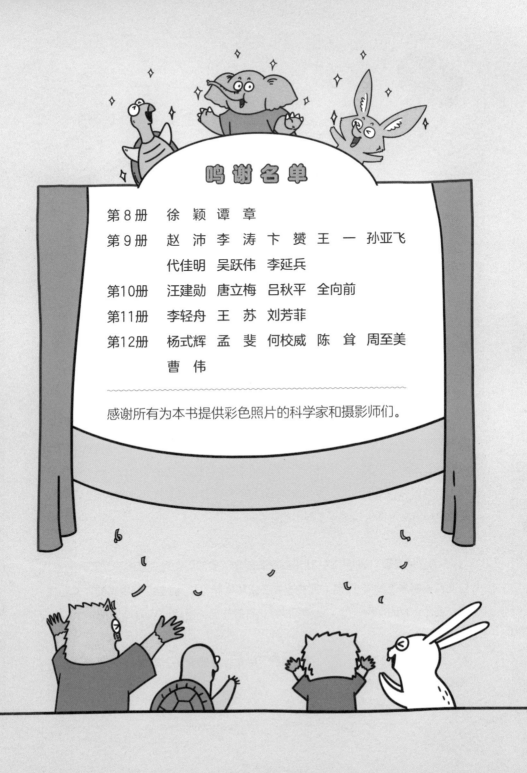

鸣谢名单

第 8 册　徐　颖　谭　章

第 9 册　赵　沛　李　涛　卜　赟　王　一　孙亚飞

　　　　代佳明　吴跃伟　李延兵

第 10 册　汪建勋　唐立梅　吕秋平　全向前

第 11 册　李轻舟　王　苏　刘芳菲

第 12 册　杨式辉　孟　斐　何校威　陈　篑　周至美

　　　　曹　伟

感谢所有为本书提供彩色照片的科学家和摄影师们。

你好，我叫李剑龙，现在住在杭州。我在浙江大学近代物理中心取得了博士学位，也是中国科普作家协会的会员。

在读博士的时候，我就喜欢上了科学传播。我发现，国内的很多学习资料都是专家写给同行看的。读者如果没有经过专业的训练，很难读懂其中在说什么。如果把这些资料拿给青少年看，他们就更搞不懂了。

于是，为了让知识变得平易近人，让青少年们感受到学习的乐趣，我创办了图书品牌"谢耳朵漫画"。漫画中的谢耳朵就是我。我的主要工作就是将硬核的知识拆开，变成一级级容易攀登的"知识台阶"。于是，我成了一位跨领域的科研解读人。我服务过985大学、中国科学院各研究所的博导、教授和院士们。此外，我还承接过两位诺贝尔奖得主提出的解读需求。

"谢耳朵漫画"创办以来，我带领团队创作了多部面向青少年的科学漫画图书，如《有本事来吃我呀》《这屁股我不要了》和《新科技驾到》。其中有的作品正在海外发售，有的作品获得了文津奖推荐，有的作品销量超过了200万册。

我在得到知识平台推出的重磅课程"给忙碌者的量子力学课"，已经帮助6万人颠覆了自己的世界观。

你好呀，我是牛猫小分队的牛猫，我的真名叫苏岚岚。我从中国美术学院毕业后到法国学习设计，并且获得了法国国家高等造型艺术硕士文凭。求学期间，我的很多专业课拿了第一，作品多次获奖，也多次参加国内外展览。由于表现突出，我还获得了欧盟奖学金支持，到德国学习插画，并且取得所有科目全 A 的好成绩。工作以后，我成为《有本事来吃我呀》和《动物大爆炸》的作者、《新科技驾到》和《这屁股我不要了》的主创。

看到这里，你一定以为我是一名从小到大成绩优秀的"学霸"。其实，我中学时代偏科严重，是一名物理"学渣"。明明自己很聪明，可是物理考试怎么会不及格呢？我经过长时间的反思，终于找到了原因。课本太枯燥了，老师讲得又无趣，久而久之，我对这个科目完全失去了兴趣。

从学渣到学霸的转变，让我深刻体会到"兴趣是最好的老师"。于是，我把设计、画画、编剧等技能发挥出来，开创了用四格漫画组成"小剧场"来传播科学知识的形式。咱们这套书里的很多故事就是我和李老师共同创作的，希望让小朋友在哈哈大笑中学会知识。

牛猫小分队的另一个核心成员叫赏鉴，他是咱们这套书的漫画主笔，他画的漫画在全网已经有 5000 万以上的阅读量啦。

目录

第 57 堂

我们为什么要
学习浮力

在几千米深的海底，我和山小魈的深海潜水器遇到了一个难题——电量不够，马达停止工作了。山小魈顿时吓得魂飞魄散，他以为我们再也没法浮出水面了。不过，我一点儿也不慌张。我轻轻按下一个按钮，深海潜水器就立刻开始上浮。半个小时后，我们就回到了海面上，这场海底探险行动圆满结束。

为什么深海潜水器在失去动力之后，仍然可以上浮到海面呢？假如你拆开深海潜水器的外壳，就会发现，它的内部除了载人舱和仪器，大部分空间都装满了固体浮力材料。于是，深海潜水器一进入大海，就会通过海水获得巨大的浮力。

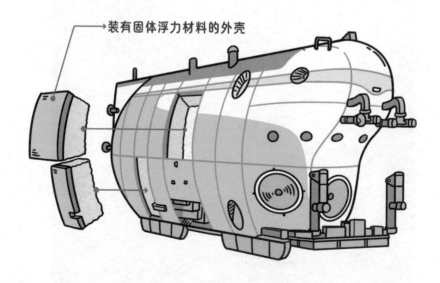

→装有固体浮力材料的外壳

在海底探险时，深海潜水器会用电磁铁吸着一块压载铁，帮自己下沉到海底工作。当探险结束，或者剩余电量不足时，深海潜水器只要把压载铁一抛，就可以自动完成上浮。

中国深海潜水器——"奋斗者"号

你知道吗？虽然固体浮力材料看着不起眼，但其中的科技含量可一点儿也不低。跟游泳圈、浮筒这些常规浮力材料不同，固体浮力材料常常要在水下几百米、几千米深的地方工作。由于深海之中存在巨大的压强，常规浮力材料往往会被剧烈压缩并变小，它们产生的浮力也会大大缩水。假如一个游泳圈被压缩到一块甜甜圈的大小，你还敢戴着它去海里游泳吗？

你应该选用抗高压的固体浮力材料来制作你的雕像。

呜呜呜……

固体浮力材料

所以，要想在海底当一个合格的"游泳圈"，固体浮力材料就必须具备出色的抗压能力。然而，常见的耐高压材料通常都很笨重，别说让它们当"游泳圈"了，就是让它们自己浮起来都很困难。于是，科学家和工程师们需要携手合作，研发既轻便又耐高压的固体浮力材料。

图中空心圆柱状物体即为固体浮力材料

目前，常见的固体浮力材料通常是由空心的玻璃微珠或树脂微珠构成的。它们被广泛地用于各种海洋勘探和海洋工程中，如深海潜水器、海底电缆、海底输油管道、海底观测站，以及海上锚泊系统、海底采矿系统、海上浮标系统等等。

这一切，都是我们对浮力原理的巧妙运用！

海上浮标系统

深海潜水器

海底观测站

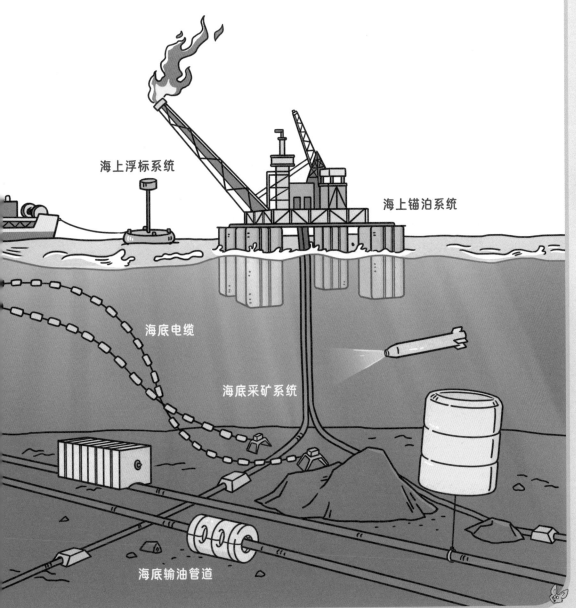

海上浮标系统

海上锚泊系统

海底电缆

海底采矿系统

海底输油管道

半小时后……

咦，谢耳朵的船明明漏水了，
怎么还能接着开？

为什么同样是中弹漏水，山小魁的战船二话不说沉入了海底，我的战船却仍然能在海面上行驶呢？咱们来看看两艘战船的结构，你就会明白啦。

山小魁的战船的甲板之下有上下两层。上层是火炮和作战室，下层是货舱和压舱物。这样的战船十分脆弱，只要我在它的吃水线附近打出一个缺口，海水就会源源不断地涌进货舱，导致浮力大大减小。此时，战船的宿命就是迅速地沉入海底。

完了完了！
船要沉了。

盖伦船

那么，如何才能让战船变得结实、耐打呢？这就要说到我的战船的结构了。我的战船也分为上下两层，上层也是火炮和作战室，下层也是货舱和压舱物。但其中一处重要的不同是，我把货舱分隔成了许多个独立的水密隔舱。假如其中一个水密隔舱中了炮弹，开始漏水，我就会立刻派人关闭它的舱门，让船只有这一个隔舱漏水，而不扩大到其他隔舱。如此一来，我的战船即使挨了一发炮弹，仍然能够获得足够的浮力，在海上坚持作战。

郑和宝船

你知道吗？水密隔舱是中国古代的劳动人民在生产实践中摸索出来的。

据记载，早在 1600 多年前的东晋时期，中国就出现了拥有水密隔舱的舰船——八艚舰。到了 1000 多年前的宋代，水密隔舱已经得到了广泛的应用。

在距今 600 多年前的明朝，航海家郑和曾经率领庞大的船队七下西洋。他们当时乘坐的舰船，都设计了水密隔舱。我驾驶的那艘巨型战舰，就是郑和船队的主力战船——郑和宝船。这就是中国古代的先进科技！

郑和宝船全尺寸模型

Vmenkov 摄，Wikimedia Commons 收藏，遵守 CC BY-SA 3.0 协议

　　后来，水密隔舱的技术通过印度商人和阿拉伯商人传到了欧洲，又从欧洲传到了美洲大陆。

　　1787年，美国国父富兰克林在一封信中介绍了中国人发明的水密隔舱，希望美国商船能够借鉴。

我们要学习中国先进的造船技术！

富兰克林

1795 年，一位将军将这项技术引入英格兰，并制造了 6 艘新型军舰。

就这样，水密隔舱的技术迅速向世界传播开来，逐渐成为船舶设计中的标准配置。而这一切，都起源于中国劳动人民的勤劳智慧，源自他们对浮力原理的巧妙运用。

嘻嘻……

全世界都会造水密隔舱，就我叔叔不会。

　　山小魁在玻璃作坊学会了吹玻璃，高兴极了。可是，不管他怎么努力吹，玻璃上面总是有明显的瑕疵。而且，他吹的玻璃既不平整，也不光滑，看起来像厚厚的啤酒瓶底。咦？这就奇怪了。我们平时见到的玻璃大都是长方形的，而且既平整又光滑。山小魁为什么就吹不出来这样的玻璃呢？

　　原来，山小魁学会的"吹玻璃"，其实是一种非常古老的玻璃制作工艺。用这种办法造出的玻璃一定是圆盘形的，而且厚度不均匀，带有明显的纹理，中间还有一个肚脐眼儿似的瑕疵。

古法吹制玻璃

Böhringer Friedrich 摄，Wikimedia Commons 收藏，遵守 CC BY-SA 2.5 协议

古法吹制玻璃（Crown glass）的制造流程

第一步，将玻璃泡吹成气球的形状。

第二步，将玻璃泡的鼓起部分切下。

第三步，在炉火前一边加热剩余的玻璃，一边旋转，直到玻璃形成一个圆盘。

第四步，将圆盘状的玻璃退火冷却。

19世纪中叶，人们改进了玻璃制造工艺，开始生产一种**圆筒吹制平板玻璃**。这种玻璃不再是圆盘的形状，而是长方形的，很适合做窗户。但它的缺点是宽度有限，必须在嵌入窗户前把它切割成一块一块的。而且，它的表面并不是特别平整，工人需要花费很多时间才能将它打磨成既光滑又平整的样子。

Alexander Fluegel 摄，Wikimedia Commons 收藏

除左上角的玻璃是浮法玻璃之外，其余玻璃应该都是圆筒吹制平板玻璃。

27

圆筒吹制平板玻璃的制造流程

第一步，将玻璃泡吹成圆柱体，并且通过晃动玻璃泡使其延长。

第二步，将圆柱体玻璃泡冷却后，去掉头尾，从里面割开一个口子。

第三步，重新加热，将圆柱体玻璃泡摊平，使其变成平板。

第四步，将平板玻璃退火冷却。

20世纪50年代，英国商人皮尔金顿对当时的玻璃制造工艺进行了改进，发明了浮法玻璃。用这种方法制造的玻璃，可以要多宽有多宽，要多长有多长，而且既平整又光滑，不会薄厚不均。不仅没有瑕疵，价格也十分亲民。

浮法玻璃

浮法玻璃工艺为什么可以造出如此物美价廉的玻璃呢？来看看这个小实验，或许能解开你的困惑。

第一步，买一块带肥肉的后腿肉。

第二步，将后腿肉切成块。

咔咔咔！

第三步，将肉块放入高压锅中，煮成肉汤，其间可以放入你喜欢的调料。

调料放进去！

第四步，将肉捞出来，然后将肉汤倒入一个玻璃容器中，放入冰箱的冷藏室。

冷藏口感更佳！

第五步，一段时间后，将玻璃容器从冷藏室拿出来，观察浮在其表面的油脂和沉在底部的肉冻。

说说看，你看到了什么？

如果我没猜错的话，你会看到一块形状规则的肉冻上覆盖了一层薄薄的白色油脂。这层白色油脂是由漂在肉汤上的一层透明的油凝结成的，它的表面非常平整，厚度十分均匀，而且没有明显的瑕疵。

假如我们把高压锅换成玻璃工厂的熔窑，把肉汤换成由金属锡熔化成的液体，把玻璃容器换成一个长方形的凹槽，再把油脂换成新出炉的玻璃熔液，那么，一条简易的浮法玻璃生产线就搭建好了。这条生产线生产的玻璃，一定是既平整又光滑的，而且薄厚均匀、没有瑕疵，价格也十分低廉。

成品玻璃

于是，皮尔金顿巧妙地利用浮力的原理，大大地提高了玻璃行业的制造水平。如今，全世界 90% 以上的玻璃都是用这种方法制造的。你家的电视、电脑显示器、窗户，以及你乘坐的汽车上的玻璃，大部分都是浮法玻璃。

你看，就算你不去海底探险、不去海上打仗，只是安静地待在家里看着窗外的风景，你依然会受到浮力原理的照拂。

37

说了这么多浮力原理的应用，相信你一定对浮力产生了浓厚的兴趣。不过，在正式讲解浮力之前，我必须先回答一个问题：为什么弹力、重力、万有引力、摩擦力都没有独立成册，而浮力却要用一册书来讲呢？

这是因为，浮力是所有这些力中最容易计算的一种力。在后面的内容中，你会看到，只要理解了一个基本原理，我们就能推导出浮力的公式。有了浮力的公式，我们就能轻松计算一个物体所受到的浮力的大小。

实际上，除了浮力，弹力、重力、万有引力、摩擦力也都有自己对应的公式。相比之下，它们的公式都比较复杂，需要具备一定的数学基础才能掌握。因此，在讲到这些力时，我们只是粗略地介绍它们的性质，并不讨论如何做计算。如此一来，它们所占的篇幅就比较有限了。

于是，浮力就从众多作用力中脱颖而出，成为本套书第 10 册的主题。

第58堂

探索浮力大小·的
物理规律

在陆地上，山小魈就算再怎么练举重，也不可能抱起质量比他大 20 倍的象不象。不过，如果象不象跳进游泳池里，山小魈就抱得动了。原因我不说你肯定也知道——象不象受到了水的浮力。

在生活中，许多浸泡在水中的物体都会受到水的浮力。例如，冰山会受到水的浮力，轮船会受到水的浮力，生活在水里的鱼、虾、蟹、螺、蚌等都会受到水的浮力。

它们受到的浮力总是垂直向上的，跟重力的方向刚好相反。于是，浮力跟重力抵消后，它们就漂浮起来了。

请你不要小看浮力让物体漂浮的能力。在生活中的某些不起眼的角落里，它的这种能力在默默地为我们提供便利。例如，爸爸妈妈的汽车油箱里，藏着一个小小的浮子。这个浮子会随着汽油高度的变化而上升、下降。通过测量浮子的位置变化，汽车就能知道油箱里的油是用光了还是加满了，并把这个信息显示在油量表上。

油箱空了，浮子下降

油箱满了，浮子上升

再比如，马桶的水箱里，藏着一个小小的浮子。

当你按下冲水按钮时，水箱的水位就会变低，浮子的高度也会
随之降低。

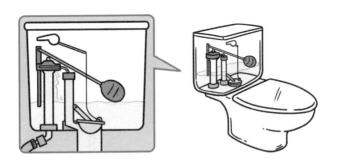

浮子的下沉会打开一个阀门，让水流进水箱里，使得水位不断
升高。与此同时，浮子也会随水位一起升高。

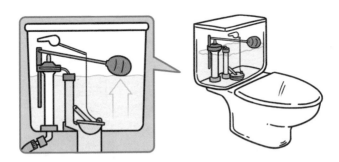

当水位升高到一定程度后，阀门又会关闭，让水位不再升高。
你看，有了浮力的帮助，马桶就会自动控制水箱的水位啦。

　　请注意，并不是只有浮起来的物体才会受到浮力。实际上，只要物体浸在水中，哪怕它最后沉到了水底，也会受到水的浮力。如果你不相信的话，请跟我一起用弹簧测力计做一个小实验吧。

　　准备一个弹簧测力计、一块可以沉到水底的物体（如铁块或石头）、一个透明的杯子。

　　第一步，用弹簧测力计测量物体产生的重力，并记录你看到的读数。

记录——

4 牛

第二步，在杯子中灌入清水，并将物体浸入水中（不要触到杯底），再次记录你看到的读数。

3 牛

比较两次测量的读数，你会发现，第二次的读数明显比第一次的小。这就说明，水中有一股力在默默地向上托举物体。

敲黑板，划重点！

进入液体中的物体都会受到液体的浮力，不管这个物体是浮起来的还是沉下去的。浮力的方向是垂直向上的。

这股力就是我们这一册的主题：浮力。

为什么小牛和大家一起在水底练习潜水，潜着潜着却突然浮起来了呢？不用问，肯定是因为他受到的浮力突然变大了。可是，小牛受到的浮力为什么会突然变大呢？

答案就在小牛圆鼓鼓的肚子上。原来，小牛的胃里生活着大量微生物，它们平时会帮助小牛发酵草料，把草料变成小牛容易消化和吸收的物质，并且会产生一些气体。由于小牛吃下太多草料，在微生物的发酵作用下，他的胃里产生了大量气体，将他撑得像气球一样。于是，小牛的体积变大了，他受到的浮力也变大了。

浮力大

浮力小

气体

上浮！

下潜！

这个故事告诉我们以下道理：

敲黑板，划重点！

浮力的大小跟物体浸入水中的体积有关。物体浸入水中的体积越大，受到的浮力就越大；物体浸入水中的体积越小，受到的浮力就越小。

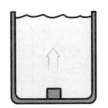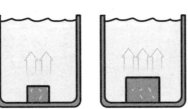

体积越小，
受到的浮力越小

体积越大，
受到的浮力越大

为了验证这个道理，你可以再做一次上一个故事里的小实验。这一回，请你不要一下子把物体浸入水中，而是一点儿一点儿地将它浸入水中。你应该会发现，随着物体浸入水中的体积不断增大，弹簧测力计上的读数会不断减小。这说明，物体受到的浮力确实也在不断增大。

野猪先生又来骗小孩子的钱啦！这一次，他开办了一个游泳培训班，并承诺学不会游泳就退钱。结果，野猪先生把大家送到了死海中，让所有的孩子都在一瞬间学会了"游泳"。这是怎么回事呢？

死海其实不是海，而是位于亚洲西部的一个内陆湖。如果你偷偷尝一口死海的水，就会发现它的味道又咸又涩，根本没法当水喝。原来，死海中含有大量的盐分，其盐度是海水的 7 ~ 10 倍。这么多盐分溶解在水里，会让水的密度大幅度提升。

资料显示，海水的密度大约是 1030 千克 / 米^3，而死海的海水密度高达 1240 千克 / 米^3。因此，当一个人跳进死海时，他受到的浮力可以强大到跟他的重力完全抵消。他会一直漂浮在海面上，想沉都沉不下去。

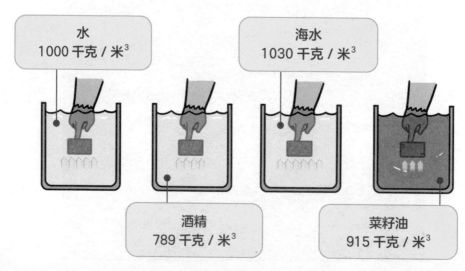

水
1000 千克 / 米^3

海水
1030 千克 / 米^3

酒精
789 千克 / 米^3

菜籽油
915 千克 / 米^3

这个故事告诉我们以下道理：

敲黑板，划重点！

浮力的大小跟液体的密度有关。液体的密度越大，它对物体产生的浮力就越大；液体的密度越小，它对物体产生的浮力就越小。

照你这么说，只要我能找到一种密度很大的液体，那么就连机器人都能学会游泳咯？

那当然啦！请看下一个故事：机器人是如何学会游泳的。

把水抽干

倒入水银

哗

惊！

你看，我现在
会游泳啦！

注：水银存在剧毒，请勿模仿。

　　我说的没错吧？假如我们把游泳池里的水换成一种密度很大的液体——水银，那么就连用金银铜铁等金属材料做的机器人，都能自动"学会"游泳。

　　还记得我们在第 6 册讲过水银密度是水密度的 13.6 倍吗？当我们把一个物体分别浸入水银和水中时，它所受到的浮力也会相差13.6 倍。这就是为什么机器人一进游泳池就往下沉，而进入"水银池"却能一直漂浮在上面。

　　为了验证这个道理，我们来做一个小实验。不过，由于水银对人体有毒，我们用密度比水小的食用油来代替它。这一回，请你先将物体全部浸入水中（不要触到容器底部），并读取弹簧测力计上的读数。然后，请你将物体拉出水面，用餐巾纸擦干，之后再将它全部浸入食用油中（不要触到容器底部），并读取弹簧测力计上的读数。

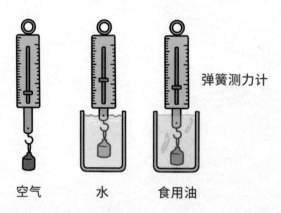

弹簧测力计

空气　　　水　　　食用油

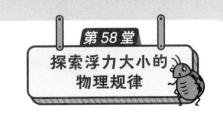
你会发现，第二次的读数比第一次稍微大一些。这就说明，物体在油（密度较小的液体）中受到的浮力较小，而在水（密度较大的液体）中受到的浮力较大。

假如你觉得一个实验不过瘾的话，还可以用下面这个小实验来帮助自己理解。

谢耳朵小实验

1 准备适量的盐、水和一个鸡蛋。

2 先把鸡蛋放到水里，你会观察到鸡蛋沉下去了。

3 往水里加盐。

4 加到一定的量时，你会发现鸡蛋浮起来了。

戴着游泳圈的山小魁，居然和游泳圈一起沉到水底了。你肯定觉得这种事情不可能发生。我告诉你，这事是真的！只不过，山小魁此刻并不是在地球上，而是在太空的空间站之中。由于空间站无时无刻不绕着地球转动，空间站里的人和物体都感受不到重力的作用，因此都处于失重的状态。

物理学告诉我们，重力的作用不存在，浮力的作用也就不存在了。不管你把水换成密度多大的液体，不管你将物体浸入的体积增大多少倍，你都不可能在失重的液体中获得一丝一毫的浮力。

月球重力场强度：
1.6 牛 / 千克

地球重力场强度：
9.8 牛 / 千克

火星重力场强度：
3.7 牛 / 千克

这个道理同样适用于其他星球。月球表面的重力场强度是地球的 16.5%，火星表面的重力场强度是地球的 38%，木星表面的重力场强度是地球的 2.5 倍。那么，当我们把一个物体浸入水中时，它在月球、火星和木星表面受到的浮力就分别是地球的 16.5%、38% 和 2.5 倍。

敲黑板，划重点！

重力场强度也是影响浮力大小的重要因素。一个星球的重力场强度越大，星球上面的液体产生的浮力就越大；一个星球的重力场强度越小，星球上面的液体产生的浮力就越小。

木星重力场强度：
24.8 牛 / 千克

亲爱的读者，到目前为止，我们已经学习了关于浮力的 4 个小知识。

关于浮力的4个小知识

1. 浸入液体的物体会受到来自液体的浮力。

2. 物体受到的浮力会随着物体浸入体积的增加而增加。

3. 物体受到的浮力会随着液体密度的增加而增加。

4. 物体受到的浮力会随着星球表面重力场强度的增加而增加。

在物理学中，后面 3 个知识其实可以合并成一个物理知识，叫作浮力的数学公式，或者说，浮力的数学秘密。

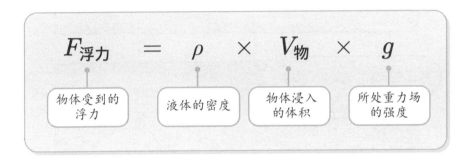

$$F_{浮力} = \rho \times V_{物} \times g$$

| 物体受到的浮力 | 液体的密度 | 物体浸入的体积 | 所处重力场的强度 |

假如要计算物体受到的浮力，我们只需要把液体的密度、物体浸入的体积和重力场的强度这三个数值代入这个公式，再进行两次乘法运算，就能得到正确的结果啦。

重力场强度为 9.8 牛 / 千克。

浸入体积是 500 厘米^3。

水的密度是 1 克 / 厘米^3。

谢耳朵漫画·物理大爆炸

第 59 堂

浮力的

起源

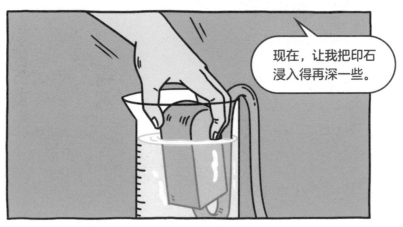

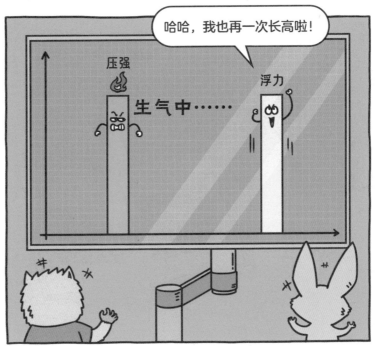

哈哈，怪不得压强受到哪个因素影响，浮力也会受到哪个因素影响；压强怎么变，浮力就跟着怎么变。原来浮力和压强原本是一家子！接下来，我将从**定性**和**定量**两个方面来阐述浮力和压强的关系。

我先说定性这一方面。

假如你在洗脸池的池水里放一个木块，它就会在浮力的作用下漂起来。根据我们在第 9 册学过的压强的知识，我们可以断定，此时木块的下表面受到了水的压强的作用。

这时，如果我们用手将木块向下按压，让它浸入更多体积，那么，它受到的浮力便会增大。此时我们可以通过第 9 册的知识得出，木块下表面受到的压强也增大了。

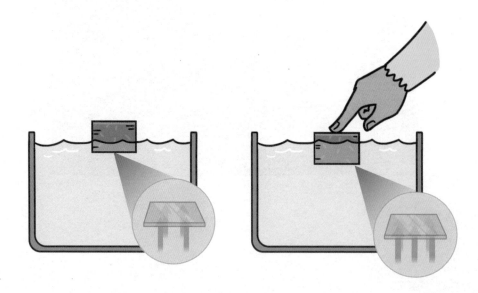

　　当然，以上说的是木块一部分在水里，一部分露在外面的情况。假如我们将木块完全按进水里，情况会稍有不同，但浮力源自压强的结论依然成立。

　　此时，木块上、下、左、右、前、后都会受到水的压强。上表面的水将它向下压，下表面的水将它向上顶。由于上表面的位置较浅，它受到的压强较小，压力也就比较小。木块下表面的位置较深，受到的压强较大，压力也就比较大。

与此同时，木块在左、右、前、后几个方向上受到的压强刚好大小相同、方向相反。根据我们在第 8 册学到的知识，它在这两组方向上分别达到二力平衡。

综合考虑前面的分析结果，你会发现，木块在水里受到的全部作用力相互抵消后，只剩下了向上的压力。这个压力就是我们按压它时感受到的浮力。

所以，从定性的方面看，浮力确实是液体内部的压强导致的。

1

物体上表面
受到的水的压力

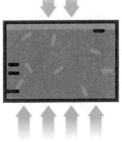

物体下表面
受到的水的压力

2

物体受到的部分
压力相互抵消

抵消

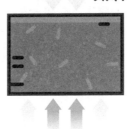

3

物体受到的剩余
压力即浮力

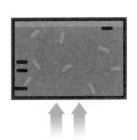

浮力

接下来，我们提高一点儿难度。**我们从定量的方面看一看，压强与浮力的数学关系到底是什么。**

首先让我们回顾一下我们在第 9 册学过的压强公式。

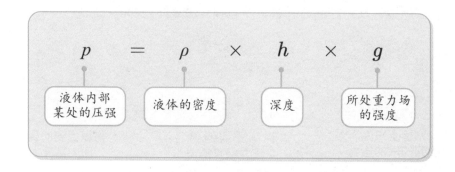

$$p = \rho \times h \times g$$

| 液体内部某处的压强 | 液体的密度 | 深度 | 所处重力场的强度 |

公式中的每一个字母都代表一个特定的物理量。如果你实在想不起来，可以翻到第 9 册第 142 页。

想起来了吧？在前面的故事中，我们还学到了一个关于浮力的数学公式：

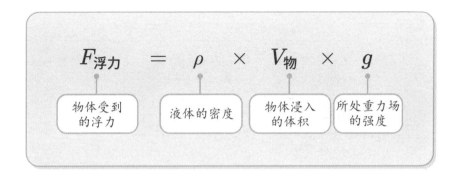

$$F_{浮力} = \rho \times V_{物} \times g$$

| 物体受到的浮力 | 液体的密度 | 物体浸入的体积 | 所处重力场的强度 |

从上面两个公式中，我们可以看出，浮力和压强确实有那么一点儿相似，那么，浮力跟压强究竟是什么关系呢？我们可以通过四个步骤的计算，来搞清楚这个问题。

我们具体算一算就明白啦！

第一步，我们假设存在一个高为 2 米、横截面积为 1 平方米的立方体，完全浸在密度为 2000 千克 / 米³ 的液体中，它们所处的重力场强度为 9.8 牛 / 千克。那么此时它受到的浮力大小为：

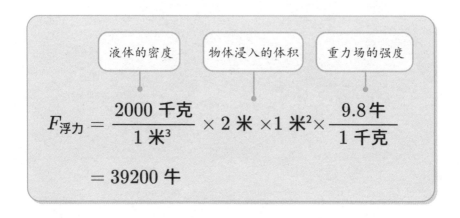

$$F_{浮力} = \frac{2000\ 千克}{1\ 米^3} \times 2\ 米 \times 1\ 米^2 \times \frac{9.8\ 牛}{1\ 千克}$$

$$= 39200\ 牛$$

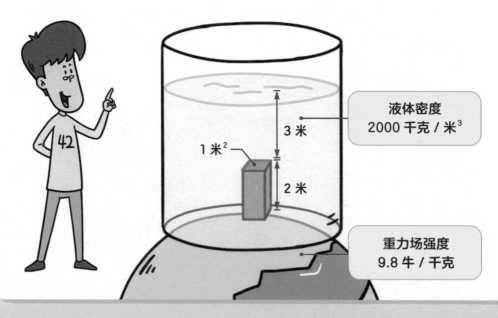

液体密度
2000 千克 / 米³

3 米

1 米²

2 米

重力场强度
9.8 牛 / 千克

第二步，利用压强公式，可以计算出立方体上表面和下表面受到的压强分别为：

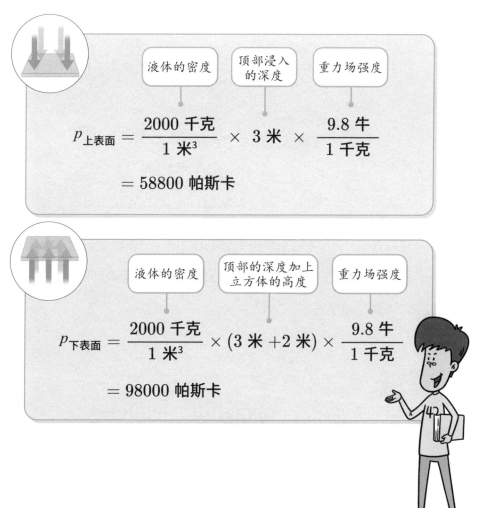

$$p_{上表面} = \frac{2000 \text{ 千克}}{1 \text{ 米}^3} \times 3 \text{ 米} \times \frac{9.8 \text{ 牛}}{1 \text{ 千克}}$$

$$= 58800 \text{ 帕斯卡}$$

液体的密度　顶部浸入的深度　重力场强度

$$p_{下表面} = \frac{2000 \text{ 千克}}{1 \text{ 米}^3} \times (3 \text{ 米} + 2 \text{ 米}) \times \frac{9.8 \text{ 牛}}{1 \text{ 千克}}$$

$$= 98000 \text{ 帕斯卡}$$

液体的密度　顶部的深度加上立方体的高度　重力场强度

第三步，分别用这两个压强乘立方体的横截面积，得出立方体受到的两股压力的大小：

$$F_{上表面} = p_{上表面} \times 1\ \text{米}^2$$
$$= 58800\ \text{牛}$$

$$F_{下表面} = p_{下表面} \times 1\ \text{米}^2$$
$$= 98000\ \text{牛}$$

可以看出，立方体的下表面受到的压力大，上表面受到的压力小。

第四步，我们用下表面受到的压力减去上表面受到的压力，得到立方体受到的浮力：

$$F_{浮力} = 98000\ \text{牛} - 58800\ \text{牛}$$
$$= 39200\ \text{牛}$$

你看，结果一模一样！

这就说明，浮力确实是液体的压强导致的一个结果。

敲黑板，划重点！

浮力起源于液体内部的压强差。

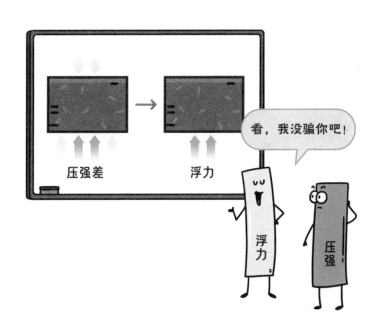

压强差 → 浮力

看，我没骗你吧！

压强和浮力的关系比较复杂，我们花了整整 10 页才说清楚。

如果听到这儿，你觉得脑子有点儿乱，没有关系。你可以忘掉前面的细节，从现在起，你只需要记住一句话：

敲黑板，划重点！

物理概念之间存在普遍的联系。

例如，我们在第 2 册中讨论过，**声音是一种振动**，声音的音调取决于振动的频率，声音的强弱（音强）取决于振动的幅度。这就是物理概念之间的联系。

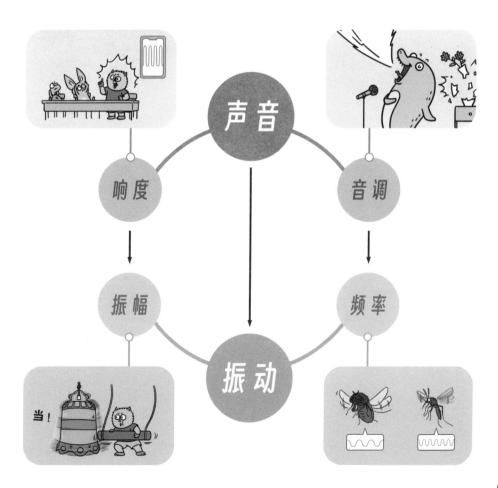

再比如，我们在第 4 册中讨论过，光会发生**折射**。在第 5 册中探究的透镜成像规律就源自光的**折射**。

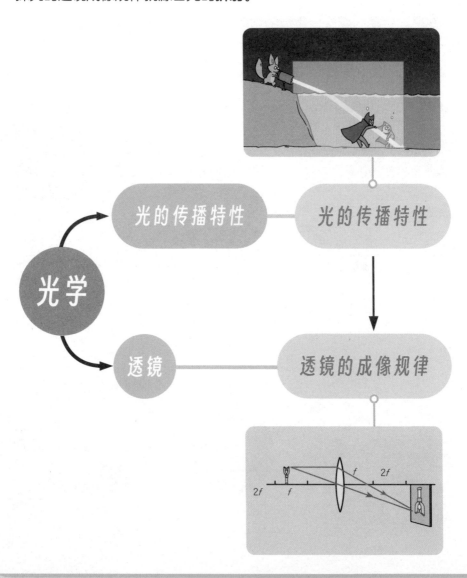

还有，我们在第 1 册中讨论了运动的**测量**，在第 7 册中讨论了**力**，又在第 8 册中讨论了**运动和力**的关系。

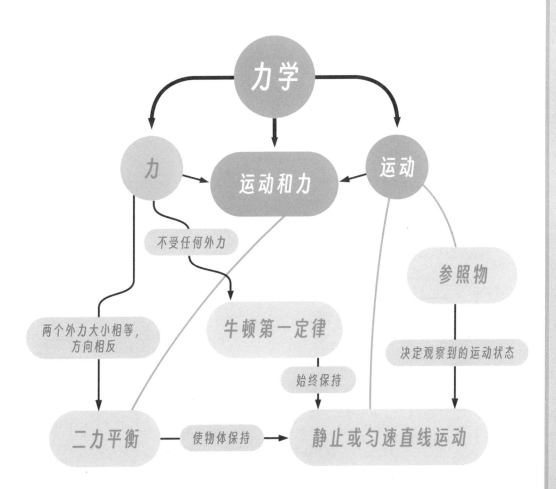

我们在第 6 册中讨论了**密度**，在第 7 册中讨论了**重力**，我们在第 9 册中讨论了**压强与密度、重力**的关系，然后又在本册中讨论了**浮力和压强**的关系。

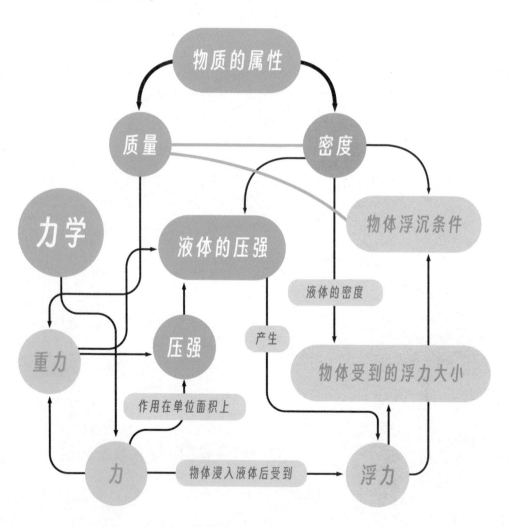

接下来,我们还会在第 11 册讨论**力、运动与能量、功**之间的关系。

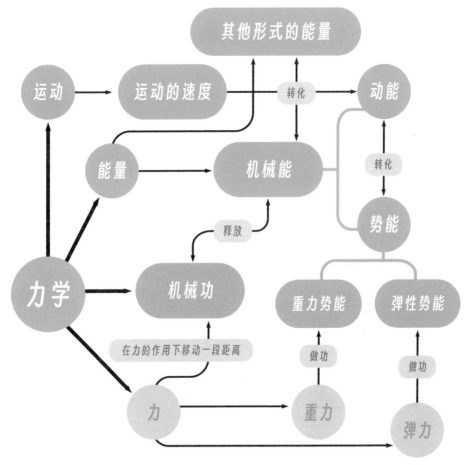

你看,每一册里的物理概念之间都存在联系。假如我们沿着中学物理知识向上延伸,将大学物理和研究生阶段的物理知识都囊括在内,你就会发现:所有物理概念之间都存在这样或那样的联系!

你看，没有一个物理概念是孤立存在的，它总是会和其他概念发生联系。物理学就像一个概念和原理（定律）的社交圈，概念和原理之间会相互合作、相互帮助，形成一个个小团体，再通过团体之间的相互联系，形成一个知识网络。

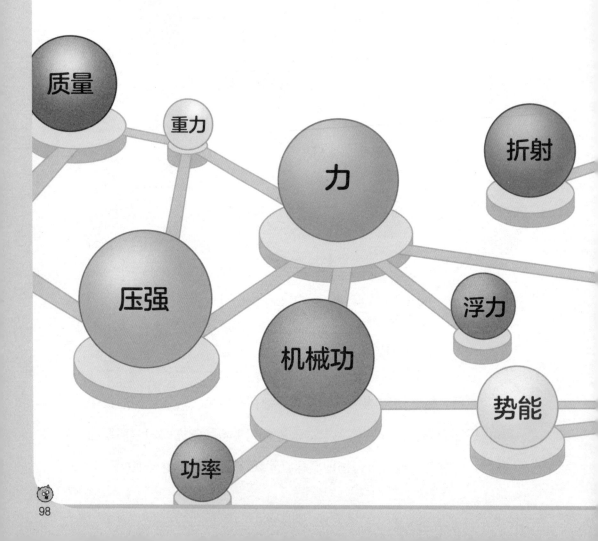

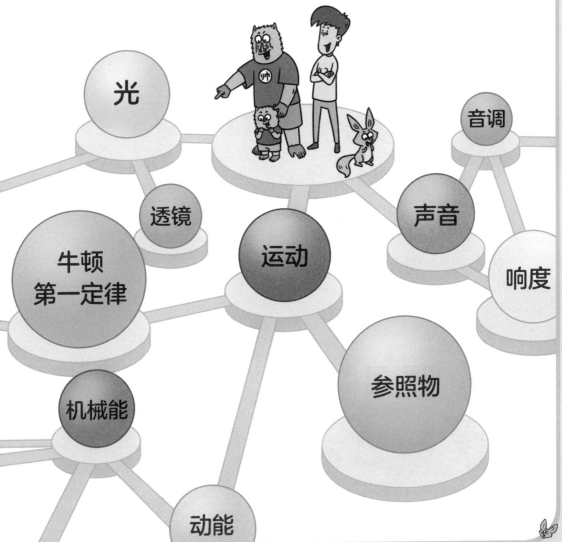

因此，我们在学习物理学的时候，千万不要像背外语单词那样死记硬背。

我们要像结识表哥表姐一样，跟物理唠家常，听它讲自己的故事，让它带我们认识它的兄弟姐妹，最终掌握一张由物理概念和原理（定律）编织成的巨大网络。

当你步入大学以后，你会继续向人类知识的前沿前进，最终形成属于你的独一无二的知识网络。

接下来，就让我来考验一下你形成物理知识网络的能力吧！

后面两个故事没有知识解读，请你自己动脑筋，想一想吧！

咳咳，提示一下。相关的知识可以在第 6、第 8、第 9 和第 10 册中找到。

不过，它们都是知识的碎片，你得想办法将它们拼起来哟！

请你说一说，为什么耳郭狐获得了胜利？

请你说一说，为什么山大魈跟着气球飞走了？谁受到了谁的浮力？

第 **60** 堂

阿基米德
原理

浮力大概是物理学家最早"搞明白"的一种作用力了。有多早呢？早在 2200 多年以前，生活在古希腊的物理学家阿基米德就已经准确说出浮力的计算方法了：

敲黑板，划重点！

> **阿基米德原理**
>
> 物体在液体中受到的浮力的大小，
> 等于物体排开的液体所受到的重力。即，
>
> $$F_浮 = G_排$$

这就是著名的阿基米德原理。接下来，让我们通过做实验和数学推导，来加深对阿基米德原理的理解。

这个实验很简单，你需要准备一个可以挂起来的重物、一个大盆、满满的一小盆清水、一个水桶和一个弹簧测力计（或弹簧秤）。

第一步，用弹簧测力计测量重物的重力大小，并记录读数。

第二步，将装满清水的小盆放入大盆中，然后用弹簧秤吊着重物，将其缓缓浸入清水，直至重物完全被水浸没。此时，你需要再次记录弹簧测力计的读数。

第三步，用第一次读数减去第二次读数，你就得到了重物受到的浮力的大小。

$$G_1 = 20N$$
$$G_2 = 8N$$
$$F_{浮} = G_{排} = G_1 - G_2$$
$$= 12N$$

第四步，测量水桶的重力，并记录读数。

第五步，将小盆里溢出来的水倒入水桶中，测量水桶和水的总重力，并记录读数。

第六步，将第五步得到的读数减去第四步得到的读数，你就得到了重物排开的水所受到的重力。

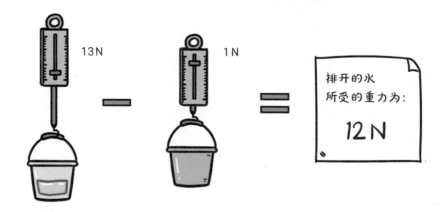

将第三步的结果与第六步的进行比较，你会发现，这两个结果在误差范围内确实是相等的。

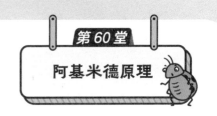
这就说明，物体在液体中受到的浮力，等于物体排开的液体所受到的重力。阿基米德原理确实可以帮助我们计算物体受到的浮力。

不对不要钱

好厉害！

浮力计算

阿基米德原理的数学推导一点儿也不复杂。假如你喜欢各种挑战智力的游戏，请跟我一起从阿基米德原理出发，来推导浮力公式吧。

首先，阿基米德原理可以写成：

$$F_浮 = G_排$$

物体受到的浮力　　　物体排开的液体所受到的重力

在这个公式中，我们要计算的是浮力的大小。具体办法是，我们要设法求出"物体排开的液体所受到的重力"的大小。

如何才能求得重力的大小呢？回想一下我们在第 8 册中学过的知识：一个物体的重力，等于它的质量乘重力场的强度（在地球上，这个数值为 9.8 牛 / 千克）。

因此，我们得出这一公式：

$$F_浮 = m_排 \times g$$

物体受到的浮力　　　物体排开的液体的质量　　　$\dfrac{9.8\ 牛}{1\ 千克}$

如何才能求得物体排开的液体的质量呢？回想一下我们在第6册中学过的知识：一个物体的质量，等于它的密度乘以它的体积。

$$m_排 = \rho \times V_排$$

物体排开的
液体的质量

液体的密度

物体排开的
液体的体积

只要能够确定液体的种类，我们就能轻松查出液体的密度。所以，我们还剩下"物体排开的液体的体积"需要确定。这个问题也不难办，因为物体排开的液体的体积与其浸入的体积相同。

$$V_排 = V_物$$

物体排开的
液体的体积

物体浸入
的体积

综合以上公式，我们很容易得出这一公式：

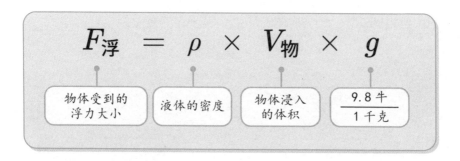

$$F_{浮} = \rho \times V_{物} \times g$$

| 物体受到的浮力大小 | 液体的密度 | 物体浸入的体积 | $\dfrac{9.8 牛}{1 千克}$ |

你看，是不是跟我们在第 67 页提到的公式一模一样？这说明，阿基米德原理和我们总结出来的浮力公式是等价的。当我们需要解决实际问题时，我们既可以用我们总结出来的公式，也可以用阿基米德原理。

阿基米德原理

$$F_{浮} = G_{排}$$

等价

浮力公式

$$F_{浮} = \rho \times V_{物} \times g$$

阿基米德原理在物理学中的地位十分重要。因为它在指出如何计算浮力大小的同时，也提供了一种理解浮力的全新视角。这个全新的视角是什么呢？那就是站在水的角度看问题。

不知道你有没有想过这么一个问题：假如你是水，你为什么要产生浮力呢？

假如你问阿基米德"水为什么要产生浮力",他可能会告诉你:"水并不是想要产生浮力,而是不得不产生浮力。而且不管物体有没有被浸入水中,水都一直在产生同样大小的浮力。"

为了理解上面那段话,请你跟我一起做一个思想实验。

假设我有一桶水。我在水中分出一块区域,将区域内的水叫小明,区域外的水叫小亮。那么,从力学的角度来看,小明和小亮之间存在哪些作用力?

首先，你肯定知道，小明自身存在一定的重力。

其次，由于小明既没有上升，也没有下沉，这说明小明处于二力平衡状态。所以，小明一定还受到了与重力大小相等、方向相反的支持力。而且，这股支持力只有可能来自小亮。

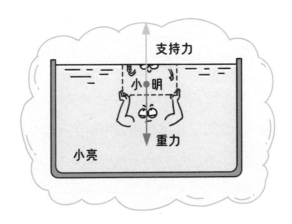

接下来是最关键的时刻。假设我使用特殊的方法，把小明用抽水机抽了出来，然后向其中塞入一个物体小黑，上面还连着一根杆子。这样一来，我就能保证小黑一直停留在小明原先的位置上，既不会上升，也不会下落。

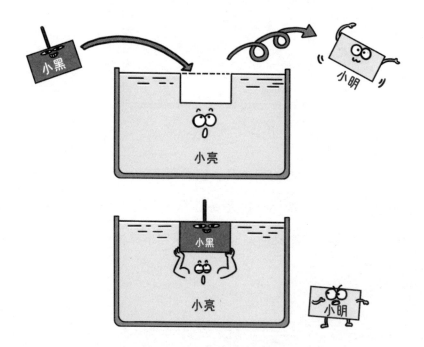

在这个过程中，我的动作比魔术师还要快，快到小亮都没有搞清楚发生了什么事。因此，小亮仍然以为他正在与小明接触。

现在我来问问你，小黑受到的来自小亮的浮力是多大？

你稍微想一想就会发现，小黑受到的浮力，跟小明受到的支持力是完全相等的。他们都等于小明的重力。

由于小明是物体排开的水，所以我们可以将这个思想实验的结论总结为：

敲黑板，划重点！

> 物体在液体中受到的浮力，等于物体排开的
> 液体所受到的重力。

咦，这不就是阿基米德原理吗？没错，这就是阿基米德原理。这一回，我们不需要推导任何公式，也不需要动手做任何实验。我们只需要把视角从物体身上转换到水的身上，就可以凭借之前学过的知识和逻辑推理，得出阿基米德原理。

传说阿基米德是在泡澡的时候灵机一动想到这个原理的，虽然史书上没有详细记载，但阿基米德跳进澡盆的过程跟我们的思想实验很相似。因此，我们不妨认为阿基米德就是通过类似的思考过程得出阿基米德原理的。

在物理学中，有很多原理和定律是从日常观察中总结出来的，比如我们在第 4 册中提到的反射定律和折射定律；有很多原理和定律是从其他定律衍生出来的，比如凸透镜的成像规律是从折射定律衍生出来的。

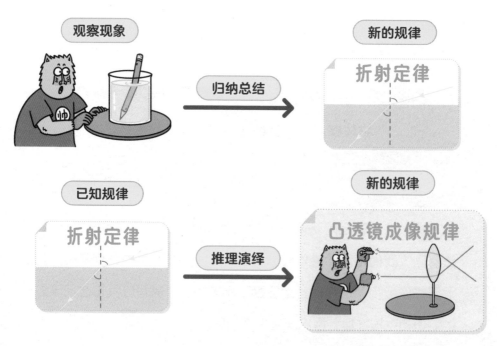

除此之外，还有一些原理和定律，是像阿基米德这样的科学家，从基本知识和逻辑出发，通过巧妙的视角转换和精巧的思想实验得到的。比如，爱因斯坦大名鼎鼎的狭义相对论和广义相对论，就是用类似的方法得到的。

假如你学习物理知识只是为了增长见识，那么你不必对阿基米德原理刨根问底。假如你不但想增长见识，还想学习物理学家的思维方式，期待自己能够像物理学家一样解决棘手的难题，帮助全人类拓展知识的网络，那么你必须把阿基米德原理掰开了，揉碎了，反复思考其内在逻辑，体验物理思维的无穷乐趣。

第61堂

分析物体
浮况的条件

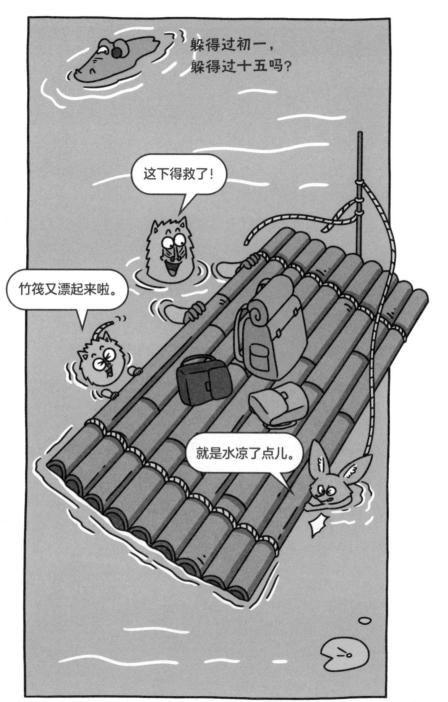

> 为什么山小魈一行人跳上竹筏以后，就和竹筏一起不断向下沉，等到他们跳进水里之后，竹筏又和背包一起浮上来了呢？

学会计算浮力的大小之后，你就会发现，这是因为浮力在和重力比赛谁的力气大。

当山小魈一行人背着背包跳上竹筏时，竹筏受到的浮力比竹筏及物体的总重力要小。这个时候，竹筏就会带着物体一起向下沉。

当山小魈一行人跳进水里时，竹筏上的物体重力减少了，竹筏受到的浮力比竹筏和物体的总重力要大。这个时候，竹筏就会带着物体一起上浮了。

当然，竹筏并不会一直保持上浮，否则的话，它就会浮出水面，变成竹子做的"阿拉伯飞毯"了。

哇！真的浮起来了！

浮力

那么，竹筏什么时候会停止上浮呢？当竹筏完全停止上浮时，它一定处于**二力平衡**的状态。这时，竹筏和物体的总重力没有变化，竹筏受到的浮力刚好下降到与总重力的大小相等的状态。所以，这时竹筏排开的水一定变少了，竹筏的状态一定是一部分浸没在水中，一部分高出水面。

从上面的分析中我们可以看出，当一个物体被放入水中时，我们可以通过分析浮力和重力的大小，来预测物体会上浮还是会下沉。

空瓶子　　　　　　　加水　　　　　　　加满水

理解了这个关系，我们就更容易理解水密隔舱的作用啦。

首先，一艘战舰之所以会漂浮在水面上，就是因为战舰是空心的，能够排开很多很多水。根据阿基米德原理，此时的战舰可以从水中获得大量的浮力。

当战舰在水中浸入一部分，浮力与它的重力刚好相等时，战舰就漂浮在了水面上。

　　接下来，让我们分析一下没有水密隔舱的战舰被打穿以后会发生什么变化。当战舰被打穿以后，水会在压强的作用下源源不断地灌进船舱里，导致战舰排开的水大幅减少。根据阿基米德原理，此时战舰受到的浮力也会大幅降低。

　　当战舰受到的浮力小于它的重力时，战舰就会不断下沉，最终长眠于水底。

那么，有了水密隔舱以后，战舰又会发生什么变化呢？当战舰的一个水密隔舱被打穿以后，只要关上舱门，水就只能淹没一个舱室。这时，战舰排开的水只减少了一部分。根据阿基米德原理，此时战舰受到的浮力也只会减少一部分。

这一点点浮力损失对于一艘庞大的战舰来说不算什么。战舰只要下沉一点点，就可以多排开一些水，重新获得那些浮力。因此，有了水密隔舱的战舰，即使被打穿一两个洞，也仍然能够继续在水上行驶。

再破两个洞也没事！

厉害啊！

注：有些文献记载是6个水密隔舱同时进水。

第 3 节 "泰坦尼克"号为什么会沉没

虽然我反复强调了水密隔舱的好处，但它的作用毕竟是有限的。

一方面，假如一艘战舰一半以上的水密隔舱都被炮弹打穿了，那么这艘战舰大概率还是会沉入水底的。

另一方面，水密隔舱的设计不能存在明显的瑕疵。否则的话，它可能完全起不到保护舰船的作用。例如，1912 年 4 月 14 日夜至 15 日凌晨，拥有 16 个水密隔舱的"泰坦尼克"号撞上冰山，发生沉没，造成了和平时期最严重的海难事故，震惊了全世界。

"泰坦尼克"号沉没的原因有两个关键点：一是冰山的撞击让 5 个水密隔舱同时漏水，超过了"泰坦尼克"号的承受能力（最多只能承受 4 个水密隔舱同时漏水）。

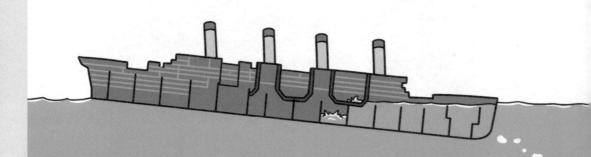

　　二是它的水密隔舱没有设计顶盖。当 5 个水密隔舱同时漏水后，船的重心发生偏倚，船的一头高高地翘了起来，另一头则完全沉入了海中。如此一来，海水灌满 5 个水密隔舱后，就会越过水密隔舱的隔墙，一个接一个地涌入其他水密隔舱，直至船体完全沉没。

"泰坦尼克"号沉没示意图

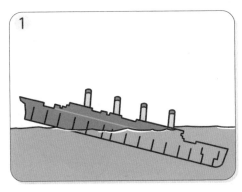

在这两个关键点的作用下，"泰坦尼克"号自撞上冰山的那一刻起，就几乎没有任何挽救的余地，不得不无助地迎来沉没的命运。

救命呀！

救命！

太阳系的游泳派对

假如太阳系的大行星开一个游泳派对，会发生什么事情呢？你会发现有的行星只要往泳池里一跳，就能轻松浮起来，有的行星则需要借助游泳圈的帮助，才能惬意地游来游去。

原来，每种行星的密度大小各不相同。地球、金星、火星和水星这些岩质行星的密度都比水大，假如你从这些星球上取下一块物质，并将它们完全浸入水中，你会发现它们的重力都超过了它们排开的那部分水的重力。只要你一松手，它们就会全部沉到水底。

另一方面，土星、系外行星 TOI-3757 b 和系外行星 WASP-127 b 都是气态行星，它们的密度都比水小。假如你从这些星球上取下一部分物质，并将其强行按进水里，你会发现它们的重力小于它们排开的那部分水的重力。你一松手，它们就会全部漂起来。

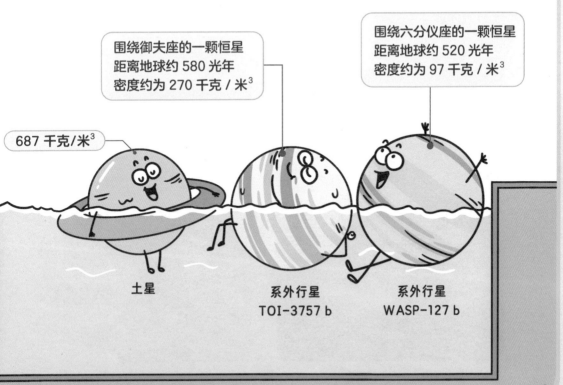

围绕御夫座的一颗恒星
距离地球约 580 光年
密度约为 270 千克 / 米^3

围绕六分仪座的一颗恒星
距离地球约 520 光年
密度约为 97 千克 / 米^3

687 千克/米^3

土星

系外行星
TOI-3757 b

系外行星
WASP-127 b

这个故事告诉我们，当一个物体完全浸入水中后，我们可以通过比较它和水的密度，来判断它会上浮还是会下沉。

例如，水银的密度是大约是 13600 千克 / 米^3，而制造硬币的材料的密度大约在 8500 ~ 8900 千克 / 米^3。硬币的密度小于水银的密度。因此，硬币会漂在水银的表面。

顺便说一句，用于制造机器人的金属材料的密度，大都小于水银的密度。因此，在本册书的第 59 页，机器人量量可以在水银池子里游泳。

一枚硬币浮在水银上

Alby 摄，Wikimedia Commons 收藏，遵守 CC BY-SA 3.0 协议

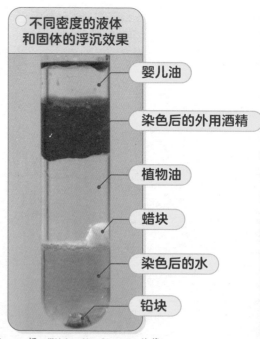

不同密度的液体和固体的浮沉效果

婴儿油

染色后的外用酒精

植物油

蜡块

染色后的水

铅块

PRHaney 摄，Wikimedia Commons 收藏，遵守 CC BY-SA 3.0 协议

猜猜看，左侧这些物体会在哪些液体中漂起来？

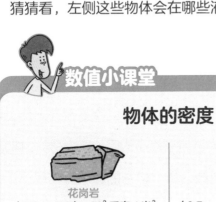

数值小课堂

物体的密度

花岗岩
（2.8～3.0）× 10^3 千克 / 米^3

汽油
（0.7～0.78）× 10^3 千克 / 米^3

木头
（0.25～0.95）× 10^3 千克 / 米^3

牛奶
1.03 × 10^3 千克 / 米^3

冰
0.9 × 10^3 千克 / 米^3

生理盐水
1.03 × 10^3 千克 / 米^3

蜡
0.9 × 10^3 千克 / 米^3

蜂蜜
1.4 × 10^3 千克 / 米^3

水银有毒！小朋友
不要学我哦。

理解了这个故事，你就可以重新理解固体浮力材料的奥秘啦。所谓浮力材料，其密度必须比水小。可是，大部分密度比水小的材料，例如木材、塑料等都比较脆弱。而耐高压的材料，比如不锈钢、钛合金等，密度又都比水大。

于是，科学家不得不想办法将两种材料的优点集合在一起，通过制造中空的玻璃微珠，得到耐高压且密度小的固体浮力材料。你看，固体浮力材料虽然拥有很高的科技含量，但它的原理其实就是这么简单。

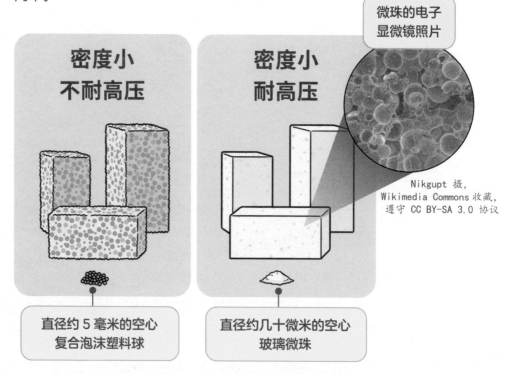

微珠的电子
显微镜照片

Nikgupt 摄，
Wikimedia Commons 收藏，
遵守 CC BY-SA 3.0 协议

**密度小
不耐高压**

**密度小
耐高压**

直径约 5 毫米的空心
复合泡沫塑料球

直径约几十微米的空心
玻璃微珠

　　相比之下，利用浮力制造玻璃的原理就更简单啦。锡熔化后形成的液体密度是 6711 千克 / 米^3[注]，而熔化后的玻璃液的密度大约是 2500 千克 / 米^3。因此，高温的玻璃液一定会完全浮在高温的锡液之上，形成物美价廉的浮法玻璃。

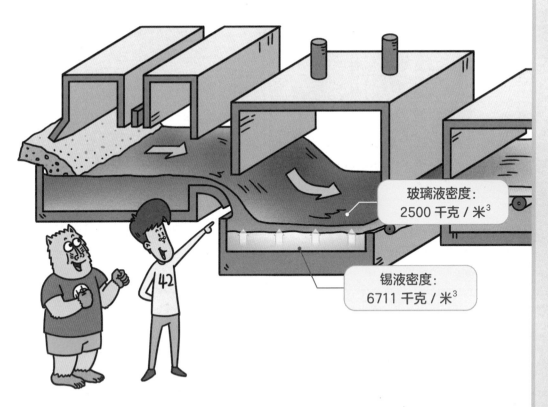

玻璃液密度：
2500 千克 / 米^3

锡液密度：
6711 千克 / 米^3

注：在标准大气压下，温度600℃时，锡液的密度为6711千克/米^3。

第 6 节　热气球是怎样飘起来的

为什么耳郭狐在帆布下面点了一把火，帆布就变成了一个气球，带着他和山大魈逃出大鳄鱼的魔爪了呢？这是因为，耳郭狐利用热胀冷缩的原理，给自己造了一个热气球。

还记得我们在第 6 册中提到的热胀冷缩吗？当一个物体的温度升高以后，它的体积就会变大一些。与此同时，由于它的质量没有变化，它的密度就会变小一些。

当耳郭狐把柴火放在帆布袋下燃烧时，火让帆布袋里的空气温度上升到 100 ~ 120℃。此时，热空气的密度会下降到常温时的 75% ~ 79%。于是，被帆布袋包裹着的热空气开始冉冉上升，带着耳郭狐和山大魈逃走了。

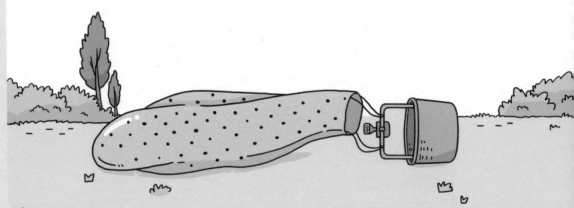

空气加热后，密度会下降到
常温时的 75% ~ 79%

你知道吗？最早利用热胀冷缩的原理获得上升动力的是中国古代的劳动人民。像下图这样的装置在中国叫作天灯，有时也叫孔明灯。

在古代，这些天灯常常被用于传递军事信息。后来，各地的人们喜欢在节日的时候燃放天灯，向上天祈求平安。

不过，燃放天灯并不像我们看到的那样美好。由于天灯升入空中以后，完全不受我们的控制，假如它落到充满易燃物的地方，就很容易引发火灾，造成生命和财产的损失。因此，我们最好不要去尝试燃放天灯，只在书中或手机屏幕上欣赏就可以啦。

Carlos Adampol Galindo 摄，Wikimedia Commons 收藏，遵守 CC BY 2.0 协议

孔明灯是如何做出来的

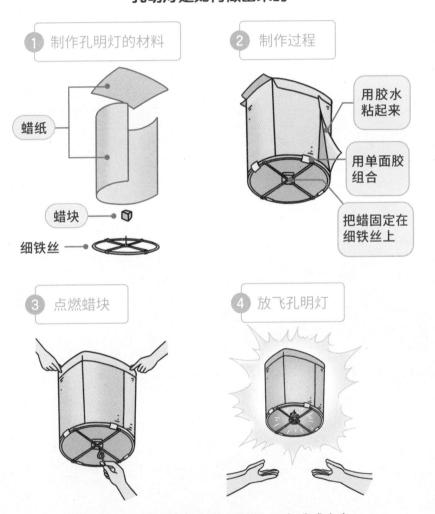

1 制作孔明灯的材料

蜡纸

蜡块

细铁丝

2 制作过程

用胶水
粘起来

用单面胶
组合

把蜡固定在
细铁丝上

3 点燃蜡块

4 放飞孔明灯

安全提示：切勿违规燃放孔明灯，以免造成火灾。

书中照片出处 书中所用部分图片标注了出处，为了方便读者查找，保留了图片来源的原始状态，并未翻译成中文。

第 7 页照片
Vismar UK/Shutterstock

第 30 页照片
sichkarenko/Shutterstock

第 36 页左上照片
Ventura/Shutterstock

第 36 页右上照片
sdecoret/Shutterstock

第 36 页左下照片
wallwee/Shutterstock

第 36 页右下照片
Art_rich/Shutterstock

第 44 页照片
jo Crebbin/Shutterstock

第 45 页照片上
Kuznetcov_Konstantin/Shutterstock

第 45 页照片下
Andrii Romanov/Shutterstock

第 57 页照片
ProfStocker/Shutterstock

力的起源 → **解锁新知识** →
- 理解地转偏向力
- 理解黏滞力
- 理解表面张力
- 理解原子间作用力

之间存在
的联系

遍联系的
学习物理学 → **解锁新知识** → 用普遍联系的思维方式学习其他学科（语文、数学、外语、化学、生物学等等）

→ 成为人民教师

的知识网络 → **解锁新知识** → 其他学科的知识网络（语文、数学、外语、化学、生物学等等）

信息丢失问题　理解统计力学的若干概念